目錄

⊗：附 STEAM UP 小學堂

數學

常識

藝術

請畫出班上其中一位老師和同學的樣子，並說說他們有什麼特徵。然後掃描二維碼，跟着唸一唸字詞。

粵語

普通話

lǎo shī

老師

tóng xué

同學

寫字練習。

一 十 土 耂 老 老

老						

ノ 亻 亻 亡 自 自 自 師 師

師						

請從貼紙頁選取正確的字詞貼紙，貼在 ☐ 內，然後掃描二維碼，跟着唸一唸句子。

 粵語　 普通話

1 這是一 ☐ 鉛筆。

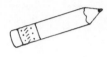

2 這是一 ☐ 蠟筆。

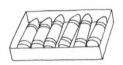

3 這是一 ☐ 橡皮擦。

4 這是一 ☐ 尺子。

請掃描二維碼，聽一聽兒歌，然後從貼紙頁選取正確的字詞貼紙，貼在 ☐ 內。最後跟着唸一唸。

 粵語　 普通話

有禮貌

早上見面說聲 ☐ ，

告別時候說 ☐ ，

幫忙以後說 ☐ ，

做個有禮的孩子。

4

請從貼紙頁選取跟字詞相配的圖畫貼紙，貼在 ⌐⌐ 內。

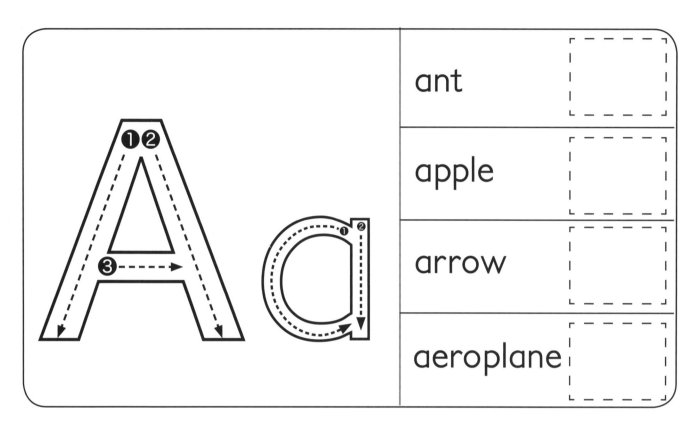

ant

apple

arrow

aeroplane

請把相配的圖畫和字詞用線連起來。

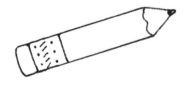

ruler   pencil   rubber

21

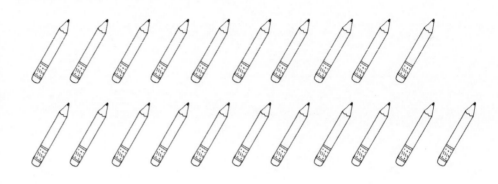

請數一數，然後在空格內填上正確的數字。

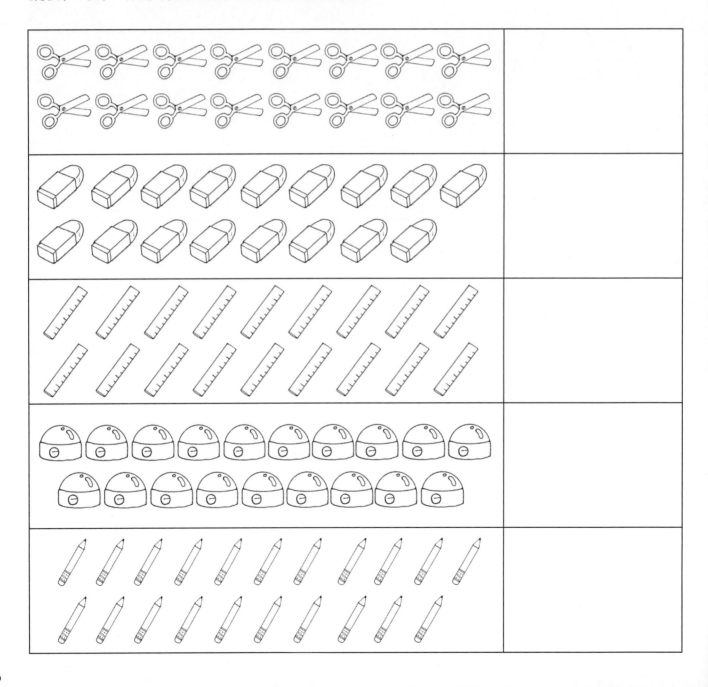

● 培養兒童喜愛學校生活

日期：

請把你喜歡的學校活動填上顏色。

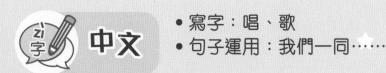
請把相配的句子和圖畫用線連起來，然後掃描二維碼，跟着唸一唸句子。

 粵語　 普通話

wǒ men yì tóng chàng gē
① 我們一同唱歌。　●　　　●

wǒ men yì tóng huà huà
② 我們一同畫畫。　●　　　●

wǒ men yì tóng chī chá diǎn
③ 我們一同吃茶點。●　　　●

寫字練習。

丶 丷 口 口 叮 叩 叩 呷 唱 唱 唱

唱						

一 亇 币 哥 哥 哥 哥 哥 哥 歌 歌 歌

歌						

請看看圖畫，然後把正確的字詞填上黃色。

- 溫習 B 的字詞
- 寫字：a big ball、a small ball

日期：

請從貼紙頁選取跟圖畫相配的字詞貼紙，貼在 ⌐ ¬ 內。

寫字練習。

 big   small

| a big ball | a big ball |

| a small ball | a small ball |

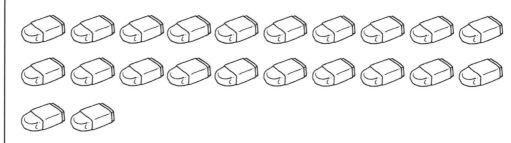
22

請把與左邊形狀相同的物件圈起來。

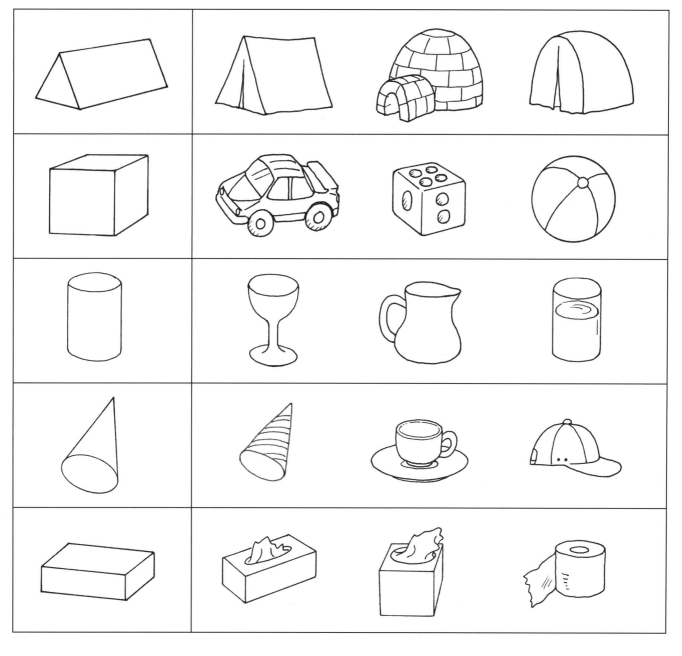

小朋友，你在學校有玩過蹺蹺板嗎？請在下面繪畫一個蹺蹺板。

STEAM UP 小學堂

蹺蹺板是一種有趣的槓桿遊戲設施。槓桿要靠支點來平衡。如果重的東西越接近支點，同時輕的東西越遠離支點，那麼輕的一方便能提起重的一方。所以即使大家的體重不一樣，只要重和輕的小朋友各自坐在蹺蹺板上適當的位置，便可以互相一上一落地抬起彼此，一起玩耍了。

● 溫習字詞
● 寫字：眼、睛

日期：

請把正確的字詞填在 ☐ 內，然後掃描二維碼，跟着唸一唸字詞。

粵語　普通話

yǎn jing	ěr duo	bí zi	kǒu
眼睛	耳朵	鼻子	口

1

3

2

4

寫字練習。

丨 丨 冂 冃 月 目 盯 盯 盯 眼 眼 眼

眼						

丨 丨 冂 冃 月 目 盯 盯 盯 睛 睛 睛 睛

睛						

- 認識動詞
- 句子運用：我用……

日期：

請掃描二維碼，聽一聽句子，然後把正確的字詞填上顏色。

粵語

普通話

1 wǒ yòng yǎn jing 我用眼睛 | kàn shū 看書 | chī shuǐ guǒ 吃水果 | 。

2 wǒ yòng ěr duo 我用耳朵 | tī qiú 踢球 | tīng yīn yuè 聽音樂 | 。

3 wǒ yòng kǒu 我用口 | chī shuǐ guǒ 吃水果 | tī qiú 踢球 | 。

4 wǒ yòng jiǎo 我用腳 | kàn shū 看書 | tī qiú 踢球 | 。

5 wǒ yòng shǒu 我用手 | xiě zì 寫字 | tīng yīn yuè 聽音樂 | 。

請把正確的英文字母填在橫線上。

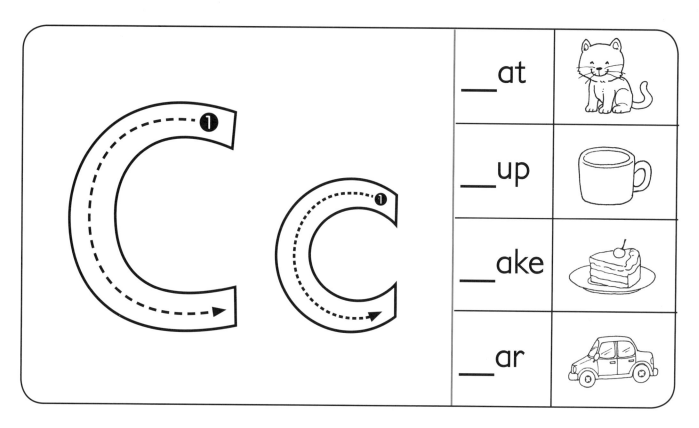

請把跟圖畫相配的字詞圈起來。

（眼睛）	eye　nose　head
（耳朵）	mouth　ear　hair
（鼻子）	nose　knee　teeth
（嘴巴）	mouth　eye　ear

15

請把正確的數字填在 □ 內。

👕👕👕👕👕	1 和 4 是 5
👗👗👗👗👗	2 和 □ 是 5
🩳🩳🩳🩳🩳	3 和 □ 是 5
👗👗👗👗👗	4 和 □ 是 5

請把正確的答案填在 □ 內。

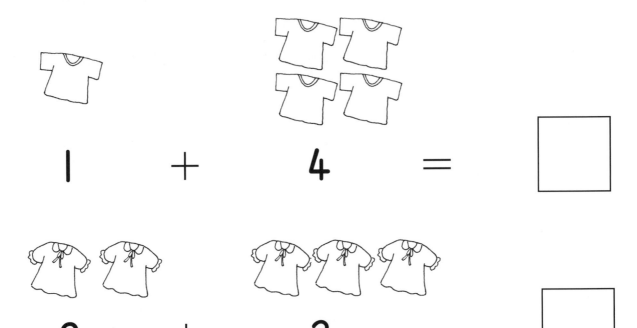

1 ＋ 4 ＝ □

2 ＋ 3 ＝ □

• 培養兒童對人有禮的態度

日期：

哪一個小朋友做得對？請在 ☐ 內畫上 ✓。

粵語 普通話

請掃描二維碼，聽一聽小朋友怎樣自我介紹。

wǒ de míng zì shì xiǎo huā
我的名字是小花。

wǒ jīn nián wǔ suì
我今年五歲。

wǒ shì nǚ hái zi
我是女孩子。

wǒ xǐ huan chī píng guǒ
我喜歡吃蘋果。

請填寫你的個人資料，然後試試自我介紹。

wǒ de míng zì shì
我的名字是_____。

wǒ jīn nián   wǔ   liù
我今年_____。（五／六）

wǒ shì   hái zi   nán   nǚ
我是_____孩子。（男／女）

wǒ xǐ huan chī
我喜歡吃_____。

請從貼紙頁選取正確的字詞貼紙，貼在 ⌐⌐ 內。

I ⌐⌐⌐⌐⌐⌐ a book.

I ⌐⌐⌐⌐⌐⌐ a word.

I ⌐⌐⌐⌐⌐⌐ a picture.

I ⌐⌐⌐⌐⌐⌐ a song.

請從貼紙頁選取跟字詞相配的圖畫貼紙，貼在 ⌐ ⌐ 內。

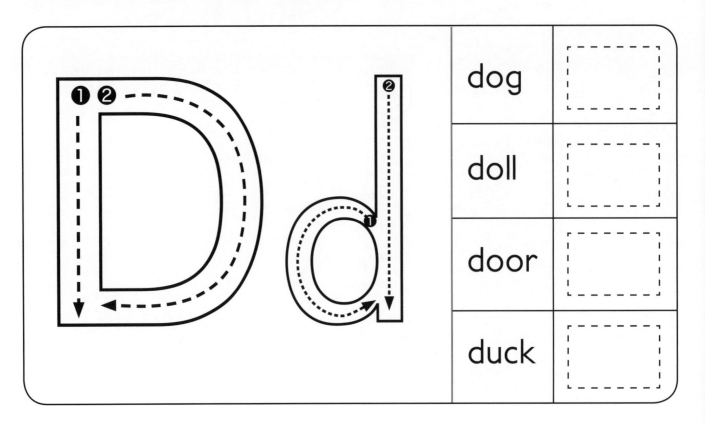

dog	
doll	
door	
duck	

寫字練習。

 clean

 dirty

a clean doll   a clean doll

a dirty doll   a dirty doll

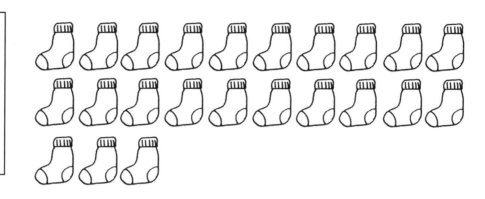

23

請畫出正確的路線，替男孩找一雙襪子，替女孩找一雙鞋子。

請找一些手工紙，然後跟着下面步驟製作拼貼畫。

 ① 在手工紙上畫上你的眼睛、耳朵、口、鼻子和臉，
　　然後剪出來，成為頭部；

 ② 把另一張手工紙剪成頭髮；

 ③ 把臉部和頭髮貼在這頁空白的地方；

 ④ 在頭部下面畫上身體，然後用手工紙剪出自己
　　喜歡的衣服貼在身體上。最後畫出手和腳。

- 溫習家庭成員的稱謂
- 寫字：爸

日期：

請把正確的字詞填在橫線上，然後掃描二維碼，跟着唸一唸。

 粵語
 普通話

bà ba	mā ma	gē ge	mèi mei
爸爸	媽媽	哥哥	妹妹

míng míng de jiā li yǒu
明明的家裏有_____ 、_____ 、

_____ hé
和 _____ 。

寫字練習。

ㄅ ㄅ ㄅ 父 爸 爸 爸 爸

爸						

請把相配的句子和圖畫用線連起來，然後掃描二維碼，跟着唸一唸句子。

 粵語　 普通話

wǒ de jiā li yǒu diàn shì jī
① 我的家裏有電視機。 ●

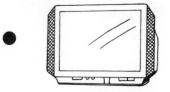

wǒ de jiā li yǒu diàn huà
② 我的家裏有電話。 ●

● ●

wǒ de jiā li yǒu diàn fēng shàn
③ 我的家裏有電風扇。 ●

請猜一猜謎語，然後掃描二維碼，跟着唸一唸。

 粵語　 普通話

yǒu fēng tā bú dòng　　tā dòng jiù shēng fēng
有風它不動，它動就生風，

dǎ kāi lái guò xià　　shōu qǐ lai guò dōng
打開來過夏，收起來過冬。

（猜一電器）

答案：扇風電（答案倒排）

⚛ STEAM UP 小學堂

電風扇是利用電力來驅動扇葉旋轉以加速周圍的空氣流通，從而產生風。現今科技已發明出無葉的風扇。底部是入風口，內部有一個小風扇，風經過大圓環的周邊管道後，從這個大圓環送出去。

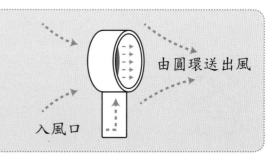

由圓環送出風

入風口

 **英文**

- 溫習 E 的字詞
- 認字：father、mother、brother、sister

日期：

請從貼紙頁選取跟圖畫相配的字詞貼紙，貼在 [____] 內。

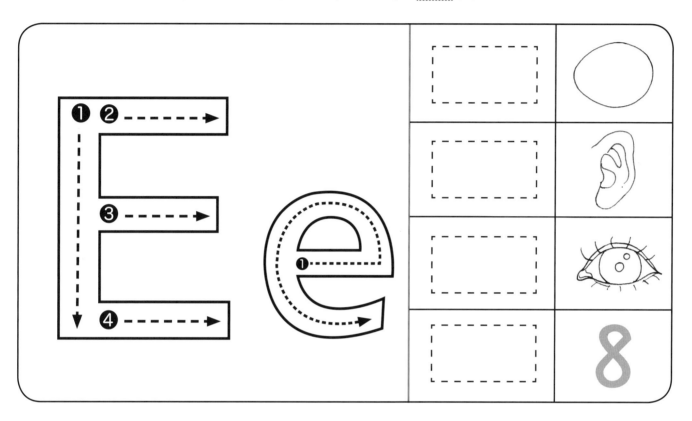

請把相配的圖畫和字詞用線連起來。

●　　　　　　●　　　　　　●　　　　　　●

father　　mother　　brother　　sister

25

請把正確的答案填在 □ 內。

$$1 + 5 = \boxed{}$$

$$2 + 4 = \boxed{}$$

$$3 + 3 = \boxed{}$$

哪些小朋友做得不對？請把他們圈起來。

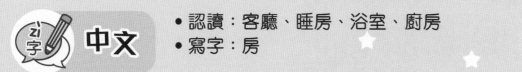
請從貼紙頁選取正確的字詞貼紙，貼在 ⬚ 內，然後掃描二維碼，跟着唸一唸字詞。

粵語

普通話

寫字練習。

、 ﹀ ﹄ 戶 戶 户 房 房

房					

- 認字：spoon、fork、knife
- 句子運用：It is …

日期：

請把正確的字詞填在橫線上。

fork   knife   spoon

What is it?

It is a _____ .

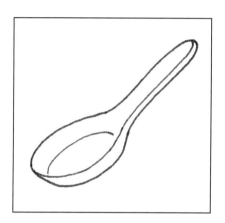

What is it?

It is a _____ .

What is it?

It is a _____ .

請把正確的英文字母填在橫線上。

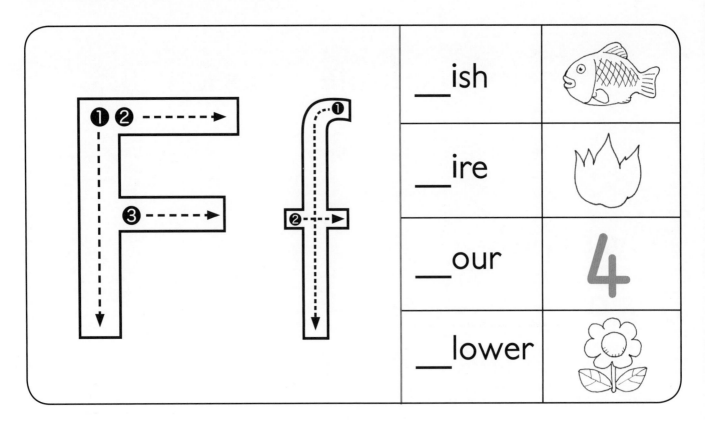

寫字練習。

How many flowers are there?
There are four flowers.

Four flowers

Four flowers

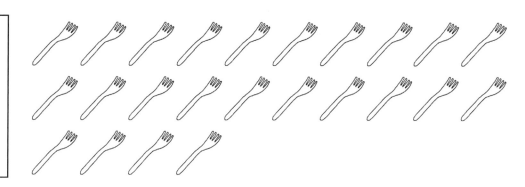

24

請把每組中不同類別的物品圈起來。

請把你的家庭成員畫出來。

 中文

- 認讀：梨子、柚子、柿子
- 寫字：梨、子

日期：

請把跟圖畫相配的字詞填在 □ 內，然後掃描二維碼，跟着唸一唸字詞。

 粵語　 普通話

lí zi	yòu zi	shì zi
梨子	柚子	柿子

1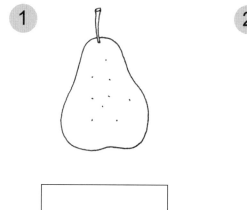

2

3

寫字練習。

ノ 二 千 禾 禾 利 利 利 利 利 梨 梨

梨						

フ 了 子

子						

33

請掃描二維碼，聽一聽小朋友在說什麼，然後把正確的圖畫填上顏色。

1

zhè shì
這是……

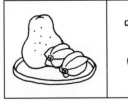

shuǐ guǒ　　huā dēng
水果　　　花燈

2

zhè shì
這是……

yuè bing　　yuè liang
月餅　　　月亮

3

zhè shì
這是……

 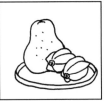

huā dēng　　shuǐ guǒ
花燈　　　水果

請從貼紙頁選取跟字詞相配的圖畫貼紙，貼在 ⬚ 內。

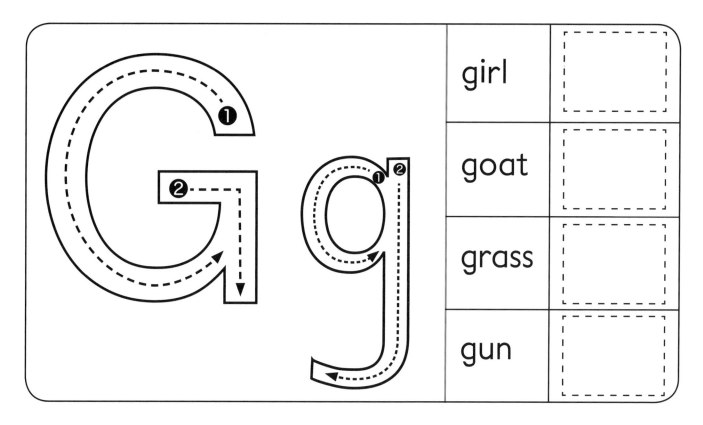

	girl	
	goat	
	grass	
	gun	

請把跟字詞相配的圖畫圈起來。

autumn	
leaf	
kite	

請數一數兩隻碟子上的水果數目，把答案填在 ☐ 內。

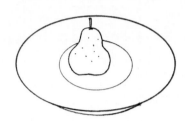 ＋ 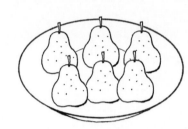 ＝ ☐

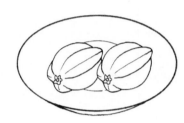 ＋ 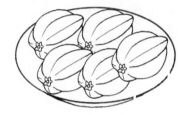 ＝ ☐

 ＋  ＝ ☐

請計算下列算式，把答案填在 ☐ 內。

$1 + 6 =$ ☐

$5 + 2 =$ ☐

$4 + 3 =$ ☐

請把相配的果核和水果用線連起來。

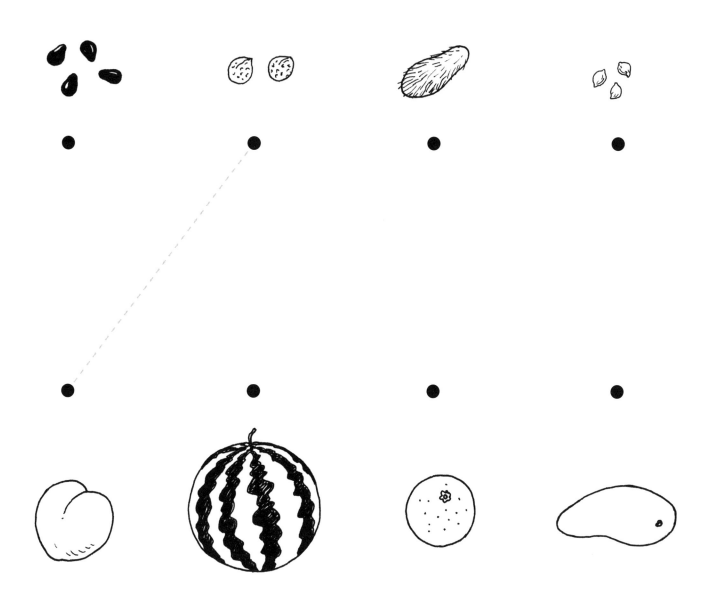

STEAM UP 小學堂

請爸媽給你切開一些有果核的水果，例如：橙、梨子、芒果、西瓜等，試試觀察不同果核的形狀、大小和顏色。果核在濕潤的泥土中，表皮會慢慢腐爛，最後整個碎裂開來，露出了種子。種子吸收土裏的養分，然後發芽生長，最後會長成一棵果樹，果樹又會再結出果實。而有時候，動物在吃從樹上掉了下來的水果時，會連同果核一起吃，果核隨着動物的糞便排出，這樣便幫助水果把種子帶到別的地方了。

● 認讀：天氣、皮球、風箏、郊外、快樂
● 寫字：郊、外

日期：

請把正確的字詞填在橫線上，然後掃描二維碼，跟着唸一唸。

粵語

普通話

tiān qì	pí qiú	fēng zheng	jiāo wài	kuài lè
天氣	皮球	風箏	郊外	快樂

秋天到，_____涼。我們到_____旅行，哥哥
qiū tiān dào   liáng   wǒ men dào   lǚ xíng   gē ge

放_____，弟弟玩_____，大家玩得真_____。
fàng   dì di wán   dà jiā wán de zhēn

寫字練習。

`丶 亠 宀 六 亠 交 交 交 郊 郊`

郊					

`ノ ク タ 外 外`

外					

38

請在 ☐ 內畫出與字詞相配的圖畫。

a lantern

a moon cake

a pear

請從貼紙頁選取跟字詞相配的圖畫貼紙，貼在 [____] 內。

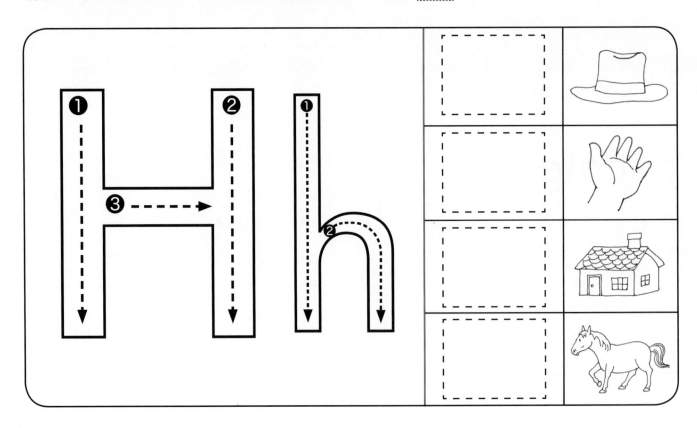

寫字練習。

left　　　　　right

right hand	right hand
left hand	left hand

25

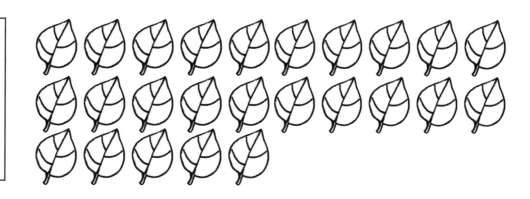

請按排列的次序，在空格內畫出正確的圖畫。

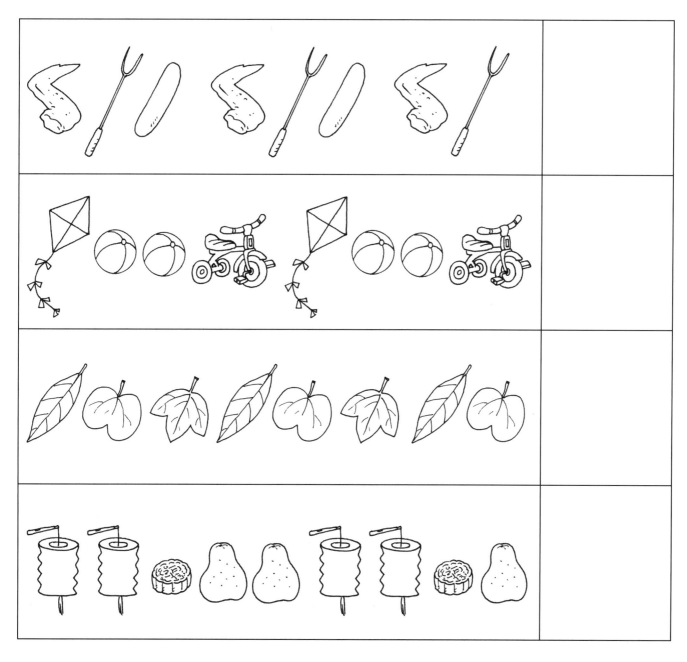

請搜集不同形狀和顏色的樹葉，看看可拼出什麼東西，然後再加上你喜歡的圖畫。

例：

⊗ STEAM UP 小學堂

當你搜集樹葉時，有沒有發現有些樹葉變成了黃色呢？那是因為樹葉除了含有葉綠素外，還有胡蘿蔔素、葉黃素等，會形成橙色或黃色的色素。隨着葉綠素的含量減少，其他色素的顏色便會在樹葉上漸漸顯現，而在秋天時，因為陽光變少，溫度變低，這會降低製造葉綠素的機會，所以樹葉在秋天時容易變黃了。

• 認讀：燒烤、樹木、火種、愛護
• 寫字：防、火

日期：

請掃描二維碼，聽一聽兒歌，然後從貼紙頁選取正確的字詞貼紙，貼在 ⬚ 內。

 粵語　 普通話

ài hù dà zì rán
愛護大自然

jiāo yě
郊野 ☐　lè qù duō 樂趣多，

shān lín
山林 ☐　jǐng sè měi 景色美，

xī miè
熄滅 ☐　bié wàng jì 別忘記，

nǐ wǒ
你我 ☐　dà zì rán 大自然。

寫字練習。

丶ㄋ阝阝阝阡防防

防						

丶丷少火

火						

請掃描二維碼，聽一聽是什麼字詞，然後把正確的字詞和圖畫圈起來。

1   fǔ tóu 斧頭 　　huǒ jǐng zhōng 火警鐘

2   miè huǒ tǒng 滅火筒 　　fǔ tóu 斧頭

3   huǒ jǐng zhōng 火警鐘 　　miè huǒ tǒng 滅火筒

請猜一猜謎語，然後掃描二維碼，跟着唸一唸。

tā de běn lǐng fēi cháng gāo　　huì fā guāng shí huì fā rè
它的本領非常高，會發光時會發熱，

xiǎo péng yǒu　　yào liú shén　　shǐ yòng tā shí yào xiǎo xīn
小朋友，要留神，使用它時要小心。

（猜煮食時需要的東西）

ㄚ：案答

⚛ STEAM UP 小學堂

火是物質在燃燒的過程中所產生的強烈氧化反應，在溫度上升時所出現的發熱或發光的現象。物質能夠燃燒需要有燃料（例如：煤、煤油）、達到一個燃點的溫度以及空氣中的氧氣，用以促成氧化作用並燃燒起來。

請把正確的英文字母填在橫線上。

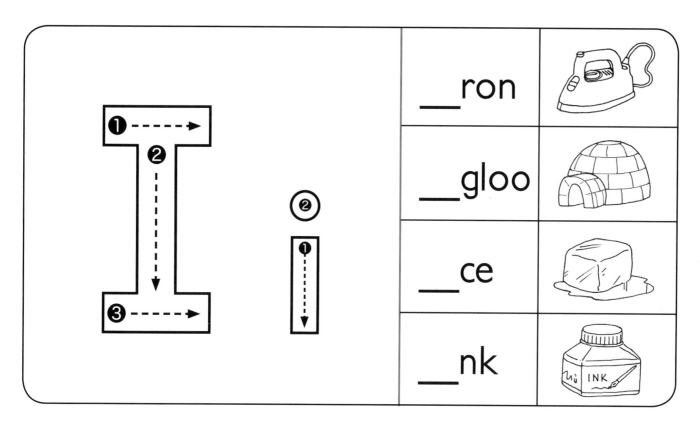

__ron	
__gloo	
__ce	
__nk	

請把相配的圖畫和字詞用線連起來。

●　　　　　　　　●　　　　　　　　●

●　　　　　　　　●　　　　　　　　●

fire　　　　fireman　　fire-engine

請把正確的答案填在 □ 內。

□ + □ = □

□ + □ = □

□ + □ = □

□ + □ = □

火警發生時，哪些是正確的做法？請在 ☐ 內填上 ✔。

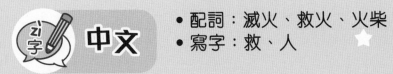

- 配詞：滅火、救火、火柴
- 寫字：救、人

日期：

請把跟圖畫相配的字詞填在 □ 內，然後掃描二維碼，跟着唸一唸字詞。

粵語

普通話

jiù	miè	chái
救	滅	柴

□ 火　huǒ

□ 火　huǒ

huǒ　火 □

寫字練習。

一 十 寸 寸 寸 求 求 求 求 求 救 救

救						

ノ 人

人						

• 認字：chicken-wing、pork-chop、sausage
• 句子運用：I like ...

日期：

請沿灰線把字詞填在橫線上。

I like _pork-chop_ .

I like _sausage_ .

I like chicken-wing .

請從貼紙頁選取跟字詞相配的圖畫貼紙，貼在 ☐ 內。

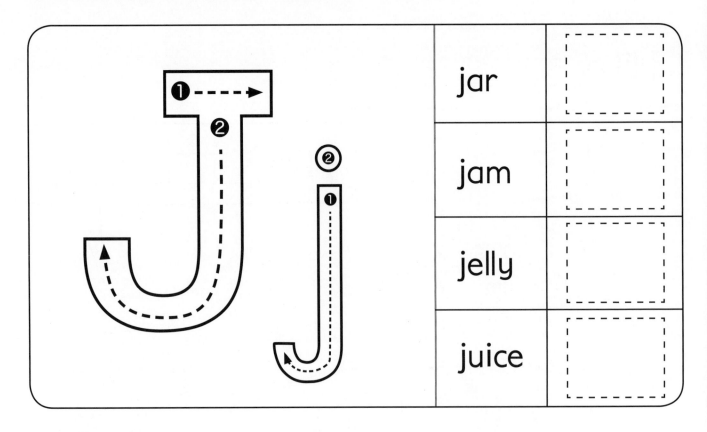

jar	
jam	
jelly	
juice	

寫字練習。

orange juice

cherry jelly

orange juice   orange juice

cherry jelly   cherry jelly

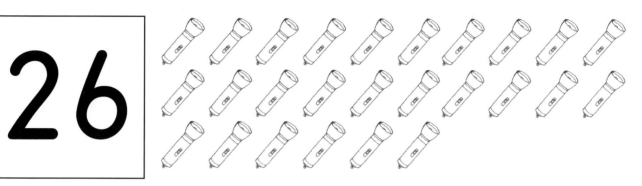

26

請數一數，圖中有多少個消防員？請 5 個一組圈起來，可分成幾組呢？把答案填在 ☐ 內。

☐ 組

請畫出下面人物的樣貌，然後把制服填上顏色。你知道是哪個職業嗎？
請說一說。

中文

● 認字：大象、獅子、老虎、熊貓
● 寫字：熊、貓

日期：

請把跟字詞相配的圖畫填上顏色，然後掃描二維碼，跟着唸一唸字詞。

粵語

普通話

dà xiàng 大象			
獅子 shī zi			
老虎 lǎo hǔ			
xióng māo 熊貓			

寫字練習。

ㄥ ㄥ ㄥ ㄅ ㄅ ㄅ 能 能 能 能 能 能 熊

| 熊 | | | | | | |

ㄥ ㄥ ㄥ ㄥ 豸 豸 豸 豸 豸 豸 豸 貓 貓 貓 貓

| 貓 | | | | | | |

53

請從貼紙頁選取正確的字詞貼紙，貼在 ☐ 內，然後掃描二維碼，跟着唸一唸兒歌。

 粵語　 普通話

xiǎo
小 ☐

xiǎo　　　　wǒ ài tā
小 ☐ 　我愛牠，

líng huó shēn qū dà zuǐ ba
靈 活 身 軀 大 嘴 巴 ，

yóu yǒng tiào shuǐ tā zuì jiā
游 泳 跳 水 牠 最 佳 ，

dòu dé rén men xiào hā hā
逗 得 人 們 笑 哈 哈 。

請從貼紙頁選取跟圖畫相配的字詞貼紙，貼在 ☐ 內，然後掃描二維碼，跟着唸一唸字詞。

 粵語　 普通話

1

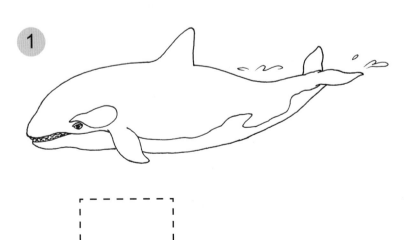

☐

2

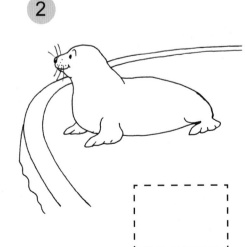

☐

請從貼紙頁選取跟圖畫相配的字詞貼紙，貼在 ☐ 內。

請把跟圖畫相配的字詞圈起來。

🦁	cat　　　lion　　　zoo
🐯	tiger　　　dog　　　ant
🐼	bee　　　panda　　　fly
🐘	fish　　　bird　　　elephant

• 9 的加法

日期：

請把正確的答案填在 □ 內。

$1 + 8 =$ □

$2 + 7 =$ □

$3 + 6 =$ □

$4 + 5 =$ □

請替動物找出適合牠們居住的地方，並完成下面的迷宮。

請從貼紙頁選取正確的字詞貼紙，貼在 ⬜ 內，然後掃描二維碼，跟着唸一唸句子。

粵語

普通話

1

⬜

de yǔ máo zhēn piào liang
的羽毛真漂亮。

2

⬜

ài mó fǎng rén shuō huà
愛模仿人説話。

3

⬜

zǒu lù yáo yáo bǎi bǎi
走路搖搖擺擺。

寫字練習。

丶丶小少少� 尐尐 尗 崔 崔 雀

雀						

丶 丿 户 户 户 自 鳥 鳥 鳥 鳥 鳥

鳥						

- 認字：dolphin、seal、whale
- 句子運用：This is ...

日期：

請把正確的字詞填在橫線上。

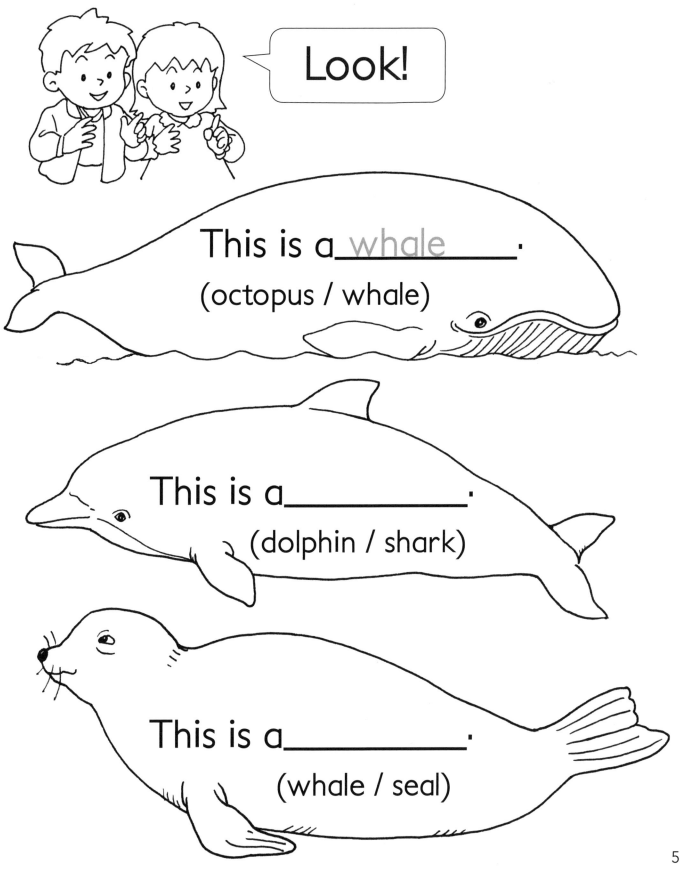

Look!

This is a <u>whale</u>.
(octopus / whale)

This is a_____.
(dolphin / shark)

This is a_____.
(whale / seal)

請把正確的英文字母填在橫線上。

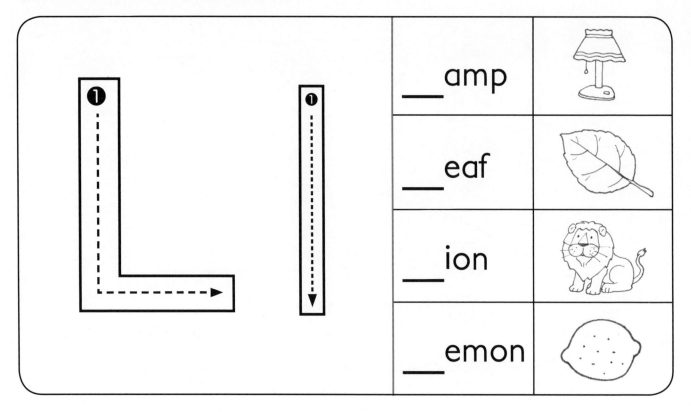

	___amp	
	___eaf	
	___ion	
	___emon	

請把葉子填上顏色，然後跟着寫字。

a green leaf

a yellow leaf

| a green leaf | a green leaf |
| a yellow leaf | a yellow leaf |

27

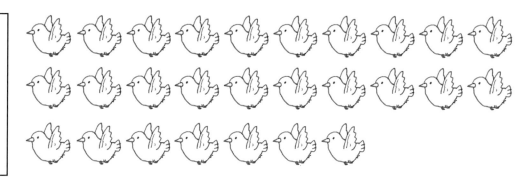

請按動物的高矮，順序由高至矮在空格內填上 1、2、3、4 和 5。

請用中國數字寫出牠們的木箱的號數。

三

61

請從貼紙頁選取七巧板貼紙，按照圖畫拼砌出下面的圖案。

例：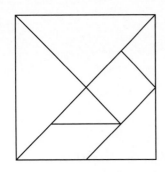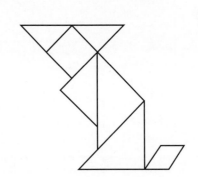

✿ STEAM UP 小學堂

七巧板是一種古老的正方形玩具，它把一個正方形劃分為七個幾何圖形，分別有正方形、三角形和平行四邊形，通過圖形的重組，變化出不同的圖案，例如動物、植物等，變化多端。

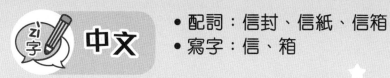

中文

- 配詞：信封、信紙、信箱
- 寫字：信、箱

請把正確的字詞填在 □ 內，然後掃描二維碼，跟着唸一唸字詞。

粵語

普通話

zhǐ	fēng	xiāng
紙	封	箱

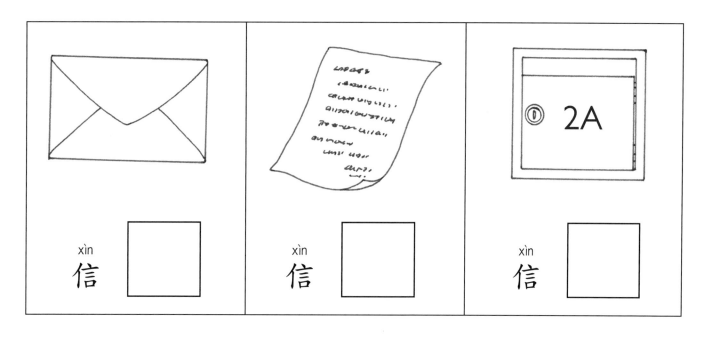

2A

xìn
信 □

xìn
信 □

xìn
信 □

寫字練習。

ノ イ 亻 亻 信 信 信 信 信 信

信

ノ ト ト ゲ 竹 竹 竹 竺 竺 笁 笁 箳 箱 箱 箱

箱

請掃描二維碼，聽一聽是什麼句子，然後在正確句子旁的 □ 內畫上 ✓。

1 粵語　普通話

□ tā shì jǐng chá
他是警察。

□ tā shì yú fū
他是漁夫。

2 粵語　普通話

□ tā shì nóng fū
他是農夫。

□ tā shì yī shēng
他是醫生。

3 粵語　普通話

□ tā shì chú shī
他是廚師。

□ tā shì xiāo fáng yuán
他是消防員。

4 粵語　普通話

□ tā shì yóu chāi
他是郵差。

□ tā shì qīng dào fū
他是清道夫。

請從貼紙頁選取跟字詞相配的圖畫貼紙，貼在 ⬚ 內。

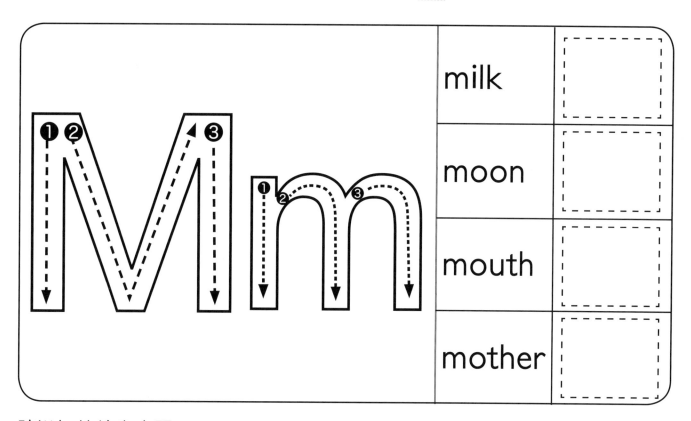

	milk	⬚
	moon	⬚
	mouth	⬚
	mother	⬚

請沿灰線填寫字詞。

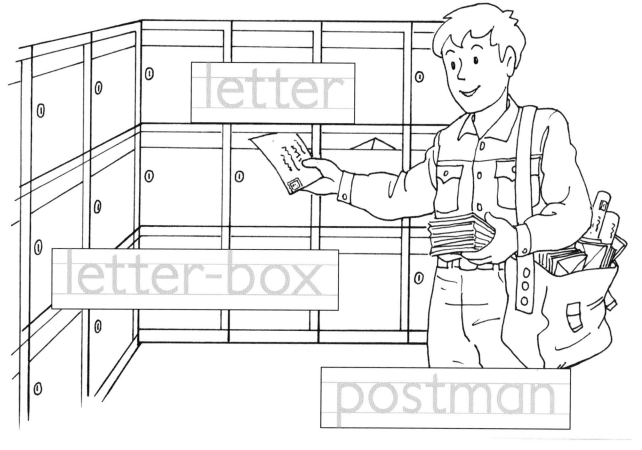

65

請把正確的數字填在 ☐ 內。

☐ ＋ ☐ ＝ ☐

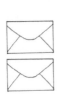 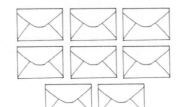

☐ ＋ ☐ ＝ ☐

☐ ＋ ☐ ＝ ☐

☐ ＋ ☐ ＝ ☐

請按寫信的步驟，順序在 □ 內填上 1、2、3、4。

 中文

- 配詞：郵票、郵包、郵箱
- 寫字：郵差

日期：

請看看圖畫，然後把正確的字圈起來，組成跟圖畫相配的一個詞語。最後掃描二維碼，跟着唸一唸字詞。

 粵語　 普通話

1		yóu 郵	piào 票	jiàn 件
2		yóu 郵	bāo 包	chāi 差
3		yóu 郵	jú 局	xiāng 箱

寫字練習。

丿　二　三　千　乒　手　乒　垂　垂　垂　郵　郵

郵						

丶　丷　半　兰　羊　羊　差　差　差

差						

請看看圖畫，小朋友長大後想做什麼？請把答案填在橫線上。

What do you want to be?

I want to be a <u>doctor</u> .

I want to be a <u>nurse</u> .

I want to be a <u>postman</u> .

小企鵝要由 A 至 M 順序走回家去。請把正確的 用線連起來。

28

請從貼紙頁選取正確的人物貼紙，貼在 ☐ 內。

① 誰站在第一位？

② 誰站在第三位？

③ 誰站在最後？

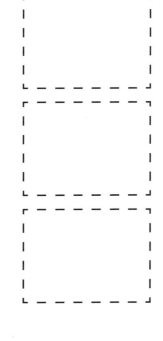

小朋友，你知道聖誕老人是什麼模樣嗎？請你把他畫出來。

請掃描二維碼，聽一聽以下的一段文字，然後把正確的字詞填在橫線上，最後跟着唸一唸。

 粵語　 普通話

dōng tiān	hán lěng	yùn dòng	běi fēng
冬天	寒冷	運動	北風

_____ 到，_____  吹。天氣很

chuī　tiān qì hěn

_____ ，大家齊做 _____  身體

dà jiā qí zuò　　　shēn tǐ

nuǎn
暖 。

寫字練習。

、丶宀宀宁宇宙宲宲寒寒寒

寒						

、丶冫冫冸冷冷

冷						

請掃描二維碼，聽一聽句子，然後把正確的詞語填在橫線上。

 粵語　 普通話

shǒu tào　　wéi jīn　　mián yī
手套　　圍巾　　棉衣

tiān qì lěng　　chuān
① 天氣冷，穿 ＿＿＿＿＿＿。

tiān qì lěng　　dài
② 天氣冷，戴 ＿＿＿＿＿＿。

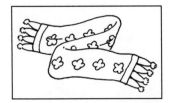

tiān qì lěng　　chuān
③ 天氣冷，穿 ＿＿＿＿＿＿。

請掃描二維碼，跟着唸一唸兒歌。

 粵語　 普通話

huǒ guō
火鍋

dōng tiān dào　　tiān qì lěng
冬天到，天氣冷，

dà jiā yì qǐ chī huǒ guō
大家一起吃火鍋，

yú wán qīng cài hé niú ròu
魚丸青菜和牛肉，

chī de dà jiā xiào hē hē
吃得大家笑呵呵。

請看看圖畫，然後把正確的英文字母填在空格內，完成填字遊戲。

winter　　snow　　night

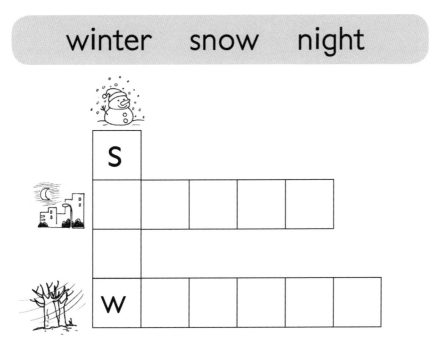

圖中有多少頂帽子？請把正確答案圈起來。

There are two / three hats.

STEAM UP 小學堂

雪是由大氣中的水蒸氣凝結而成。當氣溫在0℃以下，達至冰點時，雲中的低溫使得水蒸氣結成冰晶，當這些冰晶落到地面時，仍然是雪花狀的話就是下雪了。大氣中需要含有冷的冰晶核以及充分的水氣，還有在冰點以下的溫度，才會形成雪。

29

請把正確的數字填在 □ 內。

□ + □ = □

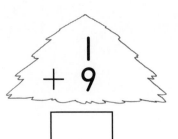

$\begin{array}{r} 1 \\ + 9 \\ \hline \end{array}$

□

□ + □ = □

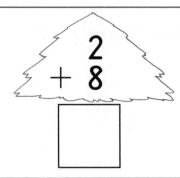

$\begin{array}{r} 2 \\ + 8 \\ \hline \end{array}$

□

□ + □ = □

$\begin{array}{r} 3 \\ + 7 \\ \hline \end{array}$

□

□ + □ = □

$\begin{array}{r} 4 \\ + 6 \\ \hline \end{array}$

□

請把適合在冬天做的事情填上顏色。

請把跟字詞相配的圖畫畫在空格內，然後掃描二維碼，跟着唸一唸字詞。

 粵語   普通話

1	2	3
shèng dàn kǎ 聖誕卡	shèng dàn shù 聖誕樹	shèng dàn lǎo rén 聖誕老人

寫字練習。

一 丁 丆 千 千 耳 耳 耶 耴 耴 耴 聖 聖 聖

聖						

、 亠 亠 言 言 言 言 訁 訶 訶 誕 誕 誕 誕 誕

誕						

請把正確的字詞填在橫線上。

scarf　　　mittens　　　coat

I wear＿＿＿＿＿＿ .

I wear a ＿＿＿＿＿＿ .

I wear a ＿＿＿＿＿＿ .

STEAM UP 小學堂

小朋友，你有沒有聽過天氣報告中所說的「冷鋒」呢？當進入冬季，冷空氣從北走向南，遇上南方較暖濕的空氣時，就會形成冷鋒。

 數學

● 認識單數和雙數

日期：

請數一數，把物件的數量填在 □ 內，然後把單數的物件填上紅色；雙數的物件填上黃色。

80